揭秘恐龙王国

远古

YUANGU KONGZHONG BAWANG

空中霸王

雨田 主编

辽宁美术出版社

前言 QIANYAN

　　一提起恐龙,你首先想到的是什么?是雄霸地球的传奇,还是天下无敌的力量?是那流传世间的神秘故事,还是博物馆里令人震惊的巨大骨架?有人对恐龙充满恐惧,也有人对恐龙极度着迷,更多的人对恐龙非常好奇。

　　准备好了吗?翻开这套《揭秘恐龙王国》丛书,在严谨的科普知识、调侃的语言和逼真的图片中,了解这个曾经令人神往的远古时代,一起走进充满趣味和知识的恐龙王国。

编　者

揭秘恐龙王国 | JIE MI KONGLONG WANGGUO

CONTENTS 目录

包科尼翼龙

外形特征

  包科尼翼龙是一种体形中等的翼龙,它的翼展为 3.5~4 米。包科尼翼龙与同种的其他翼龙相比,其口鼻部较高,喙状嘴的长度约为 29 厘米。

小笨熊提问

包科尼翼龙在身体结构上有什么捕食优势吗?

包科尼翼龙的喙状嘴与鸟类的喙很像，尖尖的喙状嘴可以使其在捕鱼的时候迅速准确得手。而且包科尼翼龙的下巴坚硬有力，会让到嘴的食物插翅难飞。

化石的发现与命名

包科尼翼龙的化石是第一个发掘于匈牙利的翼龙类化石，已发掘的包科尼翼龙化石是一个几乎完整的下颌。这个下颌化石发现于匈牙利维斯普雷姆州，位于包科尼山脉附近，这种恐龙就以化石的发现地被命名为包科尼翼龙。

蓓天翼龙

振翅翱翔

　　蓓天翼龙是目前人们已知最早的具有振翅能力的翼龙，这种能力归功于其特殊的翅膀结构。蓓天翼龙的翅膀由前肢和后肢共同构成，从前肢指间长出的皮膜一直向后延伸到后肢，构成了蓓天翼龙的飞行器官。

在蓓天翼龙生存的时代，空中的动物并不是很多，翼龙家族成为了空中的霸主。远古蜻蜓是蓓天翼龙最喜欢的食物，作为身形较小的动物，远古蜻蜓飞行轻盈而且灵活，但遇到蓓天翼龙，远古蜻蜓还是难逃被捕食的命运。

小菜熊提问

蓓天翼龙有一条长尾巴，这条尾巴有什么作用呢？

轻薄的骨头

　　蓓天翼龙之所以能够振翅飞翔，除了它们特殊的翅膀结构之外，轻薄的骨头也起到了很大的作用。蓓天翼龙的骨头像纸张一样轻薄，但十分坚固，这样的骨头使得蓓天翼龙的体重很轻，有利于它们飞行。

蓓天翼龙的身长约 60 厘米，其尾巴的长度就达到了 20 厘米，长长的尾巴能使蓓天翼龙在快速飞行的时候保持身体的平衡。

科普课堂

蓓天翼龙的牙齿像针一样又尖又细，这样的牙齿能够帮助它们快速、准确地捕食昆虫。

蝙蝠龙

飞行特点

　　蝙蝠龙以滑翔的方式飞行。它们会爬到树梢上或者崖壁上等待上升气流，一旦出现上升气流，蝙蝠龙就会用腿蹬开崖壁，借助上升气流的浮力滑翔。

蝙蝠龙又大又深的嘴巴除了吃食物还有什么作用呢？

小笨熊解密

　　蝙蝠龙的嘴巴很不同寻常，它们的嘴巴除了吃食物外，还有两个功能：一个是吸引异性；另一个是在赢得领地时炫耀自己。

食物来源

　　蝙蝠龙的生活习性和现今的秃鹫很相似，它们不像其他翼龙那样捕食昆虫，而是主要以鱼类为食。同时，蝙蝠龙还会寻找并食用恐龙的尸体。

没有尾巴

蝙蝠龙全身覆盖着羽毛,但是它们没有尾巴,这也许是蝙蝠龙不能飞翔只能滑翔的原因之一。

不善行走

　　蝙蝠龙的四肢显示它们是不善于行走的,它们的翅膀与前肢的指爪连在一起,后肢小而无力,因此,蝙蝠龙在地面上行走时很笨拙。

与吸血蝙蝠的差异

蝙蝠龙与吸血蝙蝠只是有一些特征相似，它们之间的差异还是很大的，比如，它们的纲目不同，身体器官也不同。在食物方面，吸血蝙蝠食用果实、花蜜和血，而蝙蝠龙则以鱼为食。当然，二者最重要的区别是吸血蝙蝠在现代仍然存在。

达尔文翼龙

小笨熊提问

达尔文翼龙的名字和著名的达尔文有关系吗？

身体构造

达尔文翼龙的头部和颈椎构造有翼手龙类的特征,而身体的其他构造又与喙嘴龙相似,比如尾巴细长、后肢第五趾有两个长趾节等。

年代久远

达尔文翼龙的化石发现于侏罗纪中期的地层中,距今大约有1.6亿年之久,这说明达尔文翼龙的生存年代要比始祖鸟还早大约一千万年。

牙齿特征

　　达尔文翼龙的牙齿细长尖锐，这样的牙齿显示达尔文翼龙是一种肉食性动物。但是它们的牙齿又和其他翼龙的牙齿不同，它们的牙齿结构不适合捕食鱼类和昆虫。

捕食特点

　　与达尔文翼龙生活在同时代的小型飞行动物，都有可能是达尔文翼龙的食物。达尔文翼龙可能用它的长有尖锐牙齿的上下颌，在空中捉住这些飞行动物，也有可能在快速掠过树顶的时候抓住猎物，这种捕食方式与现今的蝙蝠在树丛间掠食昆虫的方式很像。

达尔文翼龙这个物种被公布的时候正是英国生物学家、进化论奠基者达尔文诞辰 200 周年之际，也是他的《物种起源》发表 150 周年纪念日，达尔文翼龙由此得名。

达尔文翼龙是目前已知唯一由原始类群（非翼手龙类）向进步类群（翼手龙类）演化的过渡类型。因此它的发现对研究翼龙的演化和分类具有非常重要的意义。

帆翼龙

体形特征

帆翼龙是一种体形中等的翼龙类,生存于白垩纪早期。帆翼龙的头颅骨长达 45 厘米,翼展可达 5 米。

脆弱的脸颊骨

帆翼龙的脸颊骨非常脆弱,仅有 6 毫米厚,而整个头骨长达 45 厘米,因此在挖掘时,古生物学家想要发现碎骨化石需要非常细心。

食腐动物

帆翼龙拥有极为特殊的刀面切齿，因此一些古生物学家推测，帆翼龙除了食用鱼类之外，还吃动物的腐肉，但是一直没有证据能够证明这种观点。

小棕熊提问

帆翼龙的捕食方式是怎样的呢？

鸭嘴翼龙

　　帆翼龙的喙状嘴平坦而圆滑,就像鸭子的嘴巴一样,因此,帆翼龙有时被戏称为鸭嘴翼龙。但与鸭嘴不同的是,帆翼龙的嘴巴里有向外突出的牙齿,这是其捕食最好的工具。

　　在捕食的时候,帆翼龙会在低空滑翔,寻找靠近水面的鱼类。然后,帆翼龙会趁其不备的时候,用锋利的牙齿牢牢地把鱼叼进嘴巴里。

风神翼龙

捕食方式

　　生物学家推测，风神翼龙的捕食方式可能有两种：一种方式是在浅水区域跋涉捕食水中的猎物，这种方式和今天的鹭鸟很像；另一种方式是在空中飞行观察，然后迅速俯冲捕食在水面附近活动的鱼类，这种捕食方式又很像现在的信天翁，同时，这种方式也适合捕食陆地上的小型猎物或大型恐龙的幼崽。

除了巨大的翅膀之外，风神翼龙还有什么特征呢？

巨大的翅膀

目前发现的风神翼龙的化石并不完整，但是根据发现的翅骨碎片可以看出，风神翼龙有着巨大的翅膀。成年风神翼龙的翼展为 11～15 米，据此可以判定，风神翼龙是地球有生命史以来最大型的飞行动物之一。

定期进食

风神翼龙的新陈代谢很快,它们需要大量的蛋白质来转化为能量,因此风神翼龙需要定期进食。它们会在白天进行长距离飞行,寻找自己的猎物。

别名

风神翼龙生存于白垩纪晚期,约 8 400～6 500 万年前,是一种翼手龙类,除了风神翼龙这个名字之外,它们还有另外一个名字,叫做披羽蛇翼龙。

风神翼龙的头部很大，头上有脊冠，这是其与其他翼龙最显著的区别。风神翼龙的脖子很长，嘴巴又细又长，口中没有牙齿，喙状嘴的前端是钝的，而不是尖锐的。

飞翔优势

风神翼龙翅膀面积非常大，堪比现代的小型飞机，但是风神翼龙的骨骼是中空的，再加上瘦小的躯干，使得风神翼龙的身体总重量可能还没有一个成年人重，这让风神翼龙具备了比现代滑翔机更出色的滑翔能力，它们可以借助上升气流快速地冲上云霄。而且它们的双翼十分巨大，这使其很适合长途滑翔。

生活方式

　　风神翼龙会将自己的大部分时间用在飞行上，当它们疲倦的时候，会来到陆地上休息。它们的行走方式很可能是四足行走。

古神翼龙

起源

古神翼龙生存于白垩纪早期,它们的化石发现于巴西和中国。目前,最原始的古神翼龙类化石发现于中国,这显示,古神翼龙起源于亚洲。

不同冠饰

古神翼龙头上的冠饰有不同的类型,一些种类的古神翼龙的冠饰是由口鼻部的半圆冠饰和从头部向后延伸的骨质分岔构成的,另一些种类的古神翼龙的冠饰成帆状,头后方没有骨质分岔。

古神翼龙特别的冠饰有什么作用呢?

古神翼龙冠饰的大小和形状因个体的不同而不同,美丽的冠饰可能起到吸引异性的作用,也可能是古神翼龙与同类交流信息的工具。

活跃的动物

2011 年,科学家比较了翼龙类、现代鸟类和爬行动物的生活习性后指出, 古神翼龙可能是一种非常活跃的动物,它们的移动和觅食等行为不因是白天或是黑夜而停止,它们每天都只做短暂的休息。

顾 氏小盗龙

顾氏小盗龙是什么食性的恐龙呢?

生活在树上的恐龙

顾氏小盗龙生存于一亿三千万年前的白垩纪早期。它们生活在树上，身长不到一米，四肢和尾巴都覆盖着羽毛，由于龙骨突不够发达，飞行能力仅略强于始祖鸟。

"小盗龙"有小偷之意，种名定为"顾氏"则是为纪念为热河生物群做出重大贡献的中国著名古生物学家顾知微院士。

"微型"恐龙

在人们的印象中,恐龙都是庞然大物,可以轻易置其他动物于死地,但事实上还有不足一米高的"微型"恐龙,顾氏小盗龙就是其中的一种。

几乎和身体一样长的尾巴

长有羽毛的后肢

顾氏小盗龙体形很小，但嘴巴张开后很大，并且会暴露出满口锋利的牙齿，让人知道它是十足的肉食性恐龙。顾氏小盗龙饥饿的时候，昆虫、小型动物都可能成为它的食物。

科普课堂

顾氏小盗龙最大的特点是长了四个翅膀，上面的两个和鸟类翅膀相似，下面的两个翅膀很独特，像是腿上长满了羽毛，又凭空伸出两个爪子。它走起路来肯定很费力，但好在顾氏小盗龙具备一定滑翔能力。

哈特兹哥翼龙

大型翼龙

哈特兹哥翼龙是一种最近发现的大型翼龙，化石发现于罗马尼亚特兰西瓦尼亚，生存年代为白垩纪晚期。发现的化石包括头颅骨碎片、左肱骨和其他一些破碎的部分。这些化石显示了哈特兹哥翼龙是一种大型翼龙，翼展可达12米，甚至更大。

小棕熊提问

哈特兹哥翼龙头骨的体积很大，它们的头会不会也很重呢？

化石对比

　　哈特兹哥翼龙的许多特征类似其近亲风神翼龙,但哈特兹哥翼龙的头骨较大,颌关节类似无齿翼龙。科学家将它们的化石与其他翼龙类相比较,估计哈特兹哥翼龙的头骨约3米长,可能比风神翼龙的头骨还长。它们的头颅骨可能是非海生动物中最长的。

头部构造

哈特兹哥翼龙拥有宽广、坚固的口鼻部,以及大型下颌。哈特兹哥翼龙的颌关节有独特的沟槽,部分翼龙类也具有这种特征,使它们能将嘴巴张得更大。

哈特兹哥翼龙虽然体形巨大,但特殊的身体结构可以减轻体重,保证飞行能力。例如,哈特兹哥翼龙的骨头内部有空洞,这些空洞由极薄的骨梁支撑。部分翼部骨骼也有这样的特征,这样的翼部骨骼同样具备很高的强度,可以承受飞行过程中的阻力。

许多翼龙的头骨都是由轻型骨头构成的，但是哈特兹哥翼龙的头骨却相当重，它们的头骨很结实，长度约 3 米，可容纳大型的肌肉。

滑翔蜥

带"翅膀"的蜥蜴

　　滑翔蜥生活在距今 2 亿～2.35 亿年前温暖的三叠纪。它们身长约 60 厘米,有蜥蜴状的外貌,身体两侧肋骨延展出来形成两片用于滑翔的"翅膀"。

滑翔蜥是怎么进行滑翔的？

你知道吗

？

滑翔蜥能够腾跃到空中,还能够在林间滑翔。它们常在树上活动,很少会下到地面。在滑翔时,滑翔蜥的翅膀向外展开,它们也能够利用舌骨上的皮瓣来改变滑翔时的方向。

小笨熊解密

滑翔蜥有一双皮膜形成的翅膀，这双翅膀长在前后肢之间，从身体两侧伸展开来，由很长的翼肋支撑着。借助这双翅膀，滑翔蜥可以自己腾跃到空中，并能在树间滑翔。

命名原因

　　滑翔蜥的化石于 20 世纪 50 年代在英国布里斯托尔附近的古代洞穴出土。近期，科学家对其飞行能力做出研究，结果显示滑翔蜥能够以类似滑翔的方式飞行，同时，滑翔蜥的外貌看起来和蜥蜴很相似，因此得名滑翔蜥。

最早的"鸟类"

　　英国的古生物学家将滑翔蜥确定为世界最早的"鸟类"，之所以给滑翔蜥这一"殊荣"，很有可能是因为这种动物是第一种具备空中活动能力的动物。

喙嘴龙

身体特征

  喙嘴龙是比较原始的一种翼龙，身上长有细密的绒毛。喙嘴龙体长约半米，翼展一米左右，翼骨间的皮膜是其主要的飞行器官。

食物范围广泛

　　喙嘴龙因为可以长时间在空中飞行，所以活动范围相对广泛，因此食物资源也并不集中。喙嘴龙以小型恐龙、鱼类、昆虫为主要食物，有时也吃死去的恐龙。另外，喙嘴龙在生长的过程中，牙齿会逐渐变短，这样的牙齿更牢固，这说明随着喙嘴龙体形的增长，它们会以越来越大的猎物为食。

小笨熊提问

喙嘴龙的尾巴有什么作用呢？

生长过程

　　刚刚孵化的喙嘴龙的骨头就已经十分坚硬了，所以喙嘴龙可能在孵化不久后就可以自如行动，而且在短时间的生长后就可以飞行，因此成年喙嘴龙不需要花费太长的时间哺育后代。幼年喙嘴龙的颅骨较短、眼睛相对较大、口鼻部短而钝，在生长的过程中，喙嘴龙的口鼻部会逐渐变得长而尖，并最终长成成年个体。

喙嘴龙尾巴末端的皮膜会随着身体的生长而改变形状：幼年喙嘴龙的尾端皮膜略成柳叶刀形；在喙嘴龙体形不断增大直至发育完全并停止生长的过程中，尾端的皮膜则会慢慢变成钻石形。

小笨熊解密

喙嘴龙长有一条很长的尾巴，尾巴末端有垂直伸长的皮膜。这个皮膜能使喙嘴龙在飞行的过程中保持身体平衡，而且，在喙嘴龙改变飞行姿态或方向时，皮膜可以起到稳定身体的作用。

调节体温

　　喙嘴龙调节体温的方式与现今爬行动物很相似,它们会在阳光下暴晒,或是通过剧烈的活动消耗能量获得热量;而在体温过高的时候,喙嘴龙则会到阴凉处散发多余的热量。

奇特的喙嘴

　　喙嘴龙的上、下颌很长,外形与鸟类的喙很相似,上颌长有 20 颗牙齿,下颌长有 14 颗牙齿。当喙嘴龙的嘴闭合时,上颌牙齿与下颌牙齿互相交错,这样的牙齿排列形式非常适合捕鱼。当喙嘴龙从水中咬住鱼的时候,无论鱼如何扭动光滑的身体,这种交错式牙齿都能保证鱼不会挣脱,这也从侧面证明了鱼是喙嘴龙的主要食物之一。

掘颌龙

大脑袋

　　掘颌龙生存于侏罗纪晚期的欧洲，它们的翼展约一米。通过对它们的化石的研究，古生物学家们发现，掘颌龙的脑部可能比大多数爬行动物还大，而且，其脑中与视觉、动作有关的部位发展得特别好。

小笨熊提问

掘颌龙有什么样的生活习性？

掘颌龙的名字意为"船形的颌部",意指它们独特的钝形的口鼻部,不过这一点也不影响它们的捕食。

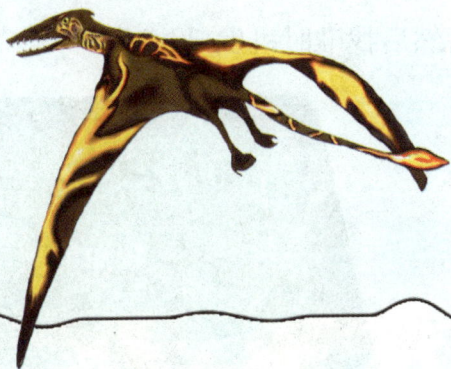

振翅飞翔

掘颌龙有一双皮膜形成的翅膀，能像现在的鸟儿一样振翅飞翔。掘颌龙的嗅觉并不好，但它们的视觉灵敏，在飞行的过程中，掘颌龙可以准确地锁定地面上或空中的猎物，然后找准时机发动进攻。

较短的翼

船形的颌部

科学家普遍认为掘颌龙可能属于昼行性动物，而同时期的喙嘴翼龙、梳颌翼龙可能是夜行性动物。掘颌龙可能是为了避免与以上物种争夺相同的食物来源，所以错开活动时间。

科内比较

掘颌龙属喙嘴翼龙科，它与科内其他恐龙相比有着自己的特点。掘颌龙有较宽广的嘴部，较短的翼和尾巴。

科罗拉多斯翼龙

长而尖的牙齿

科罗拉多斯翼龙长而尖的牙齿十分利于捕食鱼类，它吻部最前端的一对牙齿向前伸出，可达8厘米，超长的大牙齿使得科罗拉多斯翼龙成为了翼龙中的王者。当它的嘴巴合拢时，几颗大牙齿会与吻部的其他牙齿聚拢在一起，以恐吓敌人和捕食鱼类。

小笨熊提问

科罗拉多斯翼龙可谓当时的强者，它们有延续的后代吗？

困难重重

　　科罗拉多斯翼龙生活在白垩纪晚期的北美洲、南美洲和欧洲，发现的化石包括部分头颅骨和一些破碎的骨骼化石。古生物学家发掘出的科罗拉多斯翼龙的化石较少，这使科罗拉多斯翼龙的复原工作变得困难重重。

小笨熊解密

　　恐龙在今天仍有直系后代，即鸟类，但翼龙却没有。它们随着那些非鸟类恐龙一起，在 6 500 万年前的大灭绝中灭绝了。

雷神翼龙

晴朗的天空万里无云，成群的雷神翼龙在天空中飞翔。虽然我们没有生活在那个年代，但是我们可以想象到那是一幅怎样壮观的画面！

体形特点

雷神翼龙生存于白垩纪早期，化石发现于巴西。从总体上看，雷神翼龙最明显的地方就是头顶上的大型头冠。相比巨大的头冠，它们的身形则显得很娇小。雷神翼龙的脖子长且粗，双翼很长，但十分狭窄，看上去类似今天的信天翁。

小笨熊提问

雷神翼龙高耸的头冠有什么重要作用？

帆船头冠

雷神翼龙具有大型、形状奇特的头冠,头冠由颅骨延伸出的两根细长骨棒支撑着,大部分由类似角质的软组织构成,像一个帆船。雷神翼龙的头骨高度仅有 15 厘米,但是头冠的高度却能达到 1.2 米,几乎等于头骨高度的 8 倍。

捕食方式

雷神翼龙的捕食方式可能与今天的海鸟类似。它们成群地在海面上飞翔,发现水中的鱼类时就迅速靠近海面,捕食鱼类。

雷神翼龙的头冠有平衡身体、控制转向的作用,同时也是雌雄个体之间的明显差异,雄性雷神翼龙的头冠要比雌性雷神翼龙的头冠更大、更鲜艳,以达到吸引雌性的目的。

掠海翼龙

体态特征

掠海翼龙生存于白垩纪早期,与它们的近亲古神翼龙共同统治着天空。掠海翼龙是一种大型翼龙类,仅头骨的长度就达到了 1.42 米,身长约 1.8 米,翼展近 4.5 米。

小笨熊提问

掠海翼龙头上巨大的冠饰有什么作用?

保存完好

　　掠海翼龙的化石发现于巴西东北部。古生物学家一般认为，翼龙的头骨化石很脆弱，想要流传后世是很难的，但是掠海翼龙的头骨化石却保存得很完好。除了头骨化石，古生物学家还发掘出了掠海翼龙一些其他身体部位的化石。

海面上亮丽的风景线

掠海翼龙凭借庞大的体形很好地适应了海面上恶劣的生存环境。它们会在波涛汹涌的海面上穿梭，飞掠几十米高的海浪，准确地叼起被海浪卷起的小鱼。掠海翼龙的名字正因这种捕食方式而来，而它们也凭借这种捕食方式成为了海面上一道亮丽的风景线。

在掠海翼龙巨大的脑袋上有一个恐怖的头冠，几乎占到了整个头部面积的四分之三。掠海翼龙的头冠从口鼻部开始出现，一直向后方延伸。在头冠突起的后方，还有一个明显的"V"形凹口。掠海翼龙的头冠既像刀片，又像一个超大号的公鸡鸡冠，高高地耸立在头顶。

小笨熊解密

古生物学家在掠海翼龙的冠突化石上发现了纵横交错的沟槽，这可能是调节体温的血管系统。另外，掠海翼龙的头冠也能起到平衡身体与吸引异性的作用。

矛颌翼龙

外形特点

矛颌翼龙生活在白垩纪早期的中国新疆，它有一个大脑袋，长约 40 厘米，头顶长有大型脊冠。矛颌翼龙之所以有这样的名字，是因为它们锋利的嘴巴长得很像长矛。此外，矛颌翼龙还长有粗壮的脖子、娇小的身体和强壮的四肢。

牙齿特点

  矛颌翼龙是一种异形齿动物，嘴中长满了不同形态的牙齿。嘴部前端的牙齿长而弯曲，当嘴部闭合时，前端的牙齿会露在外面；而嘴部后端的牙齿则相对较小而且笔直。

小笨熊提问

矛颌翼龙长矛一样的嘴巴有什么作用？

小笨熊解密

矛颌翼龙长矛一样尖锐的嘴巴可以轻易戳穿猎物坚硬的甲壳，交错的牙齿可以让矛颌翼龙牢牢地咬住身体表面光滑的鱼类，更加有利于矛颌翼龙捕食。

生活习性

　　矛颌翼龙生活在海岸附近，以邻近海面的鱼类或体表光滑的海生动物为食。矛颌翼龙不仅能够飞行，还能以二足或四足着地的方式在陆地上行走。矛颌翼龙在年幼时期的生长速度很快，但当它们成年后，生长速度就会下降。

捻船头翼龙

小笨熊提问

捻船头翼龙有什么样的捕食技巧呢？

化石的发现与命名

捻船头翼龙生存于白垩纪早期的欧洲。1995～2003年，古生物学家在英格兰南部的威特岛发掘出了一种未知翼龙的化石。2005年，古生物学家对这种翼龙进行了叙述，并将其命名为捻船头翼龙。

你知道吗

?

捻船头翼龙可能有两个头冠,一个是口鼻部上侧的隆起部分,另一个是颅顶后方的头冠。头冠的作用尚不能明确,但这确实让捻船头翼龙变得与众不同。

牙齿特点

捻船头翼龙的牙齿很有特点：最前方的两对牙齿最大并且向前倾斜，越后面的牙齿越小；大部分牙齿则略微朝后方、两侧倾斜；最后方的牙齿则垂直于上下颌骨。第四对牙齿的大小相当于第一对牙齿，第五到第七对牙齿明显小于前方牙齿。

生活环境

在捻船头翼龙化石的发现处，可发现陆地植物的化石碎片，而且不是海相沉积层，这显示捻船头翼龙可能栖于陆地环境。

小笨熊解密

捻船头翼龙发现鱼之后，可以从水面上急速掠过，直奔鱼而去，向外突出的牙齿像一把锋利的耙子，把鱼轻松带入嘴里，然后再把多余的水滤出。

鸟脚龙

完美的"滑翔机"

鸟脚龙生活在海上,主要以鱼类为食。鸟脚龙的体形虽然很大,但是其体态十分轻盈。鸟脚龙会随着海上的气流进行长距离滑翔,看上去就像是一架完美的滑翔机。

大型翅膀

鸟脚龙是白垩纪早期一种会飞的肉食性翼龙，大型翅膀显示它们可以长距离迁徙。鸟脚龙翼展 12 米，身长 3.5 米，体重约 100 千克。

小来熊提问

鸟脚龙是怎么利用翅膀飞行的？

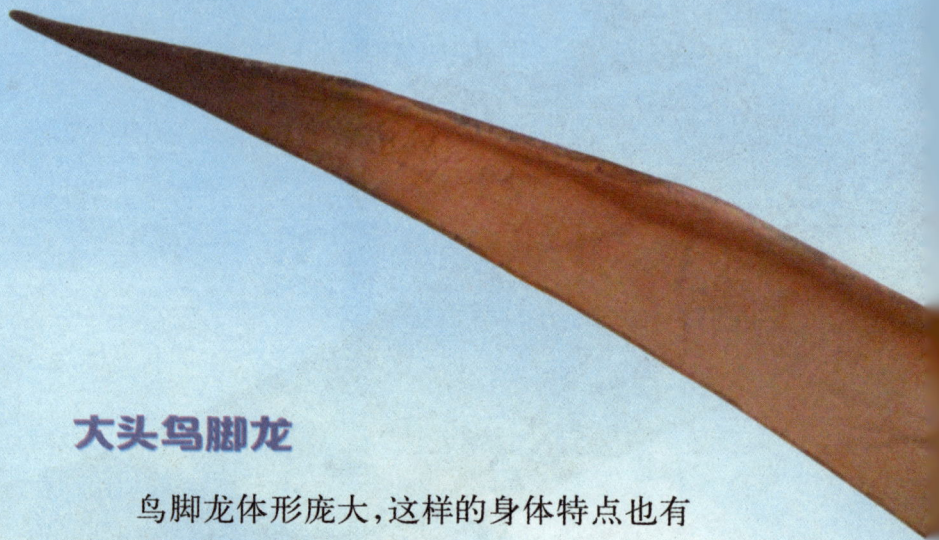

大头鸟脚龙

鸟脚龙体形庞大,这样的身体特点也有可能是鸟脚龙最突出的生存优势。鸟脚龙的喙状嘴又长又大,几乎与头部一样长。

迁徙特点

目前我们还没有证据证明身形巨大的鸟脚龙能够进行长途飞行,但鸟脚龙的化石确实出现在世界的各个角落,且发现的化石都是同一种类的。对于这并不多见的现象,专家们给出的答案是鸟脚龙会利用它们的巨翼迁徙到世界各地。

鸟脚龙飞行时,并不是用力振动翅膀,而是不断利用上升气流来飞行。但在遇到暴风雨时,鸟脚龙无法飞行,因此在暴风雨即将来临时鸟脚龙会找到洞穴,以暂时藏身。

鸟脚龙的骨骼是中空的,身体里还有充满空气的气囊,这能有效地减轻它们的体重,使它们有一个轻盈的身躯。

鸟掌翼龙

鸟类的手掌

　　鸟掌翼龙属意为"鸟类的手掌"，生存于白垩纪早期的欧洲和南美洲。鸟掌翼龙翼展约六米，是种大型翼龙类。已发现的鸟掌翼龙化石过于零碎，这给古生物学家对其的研究带来了一定困难。

突出的冠饰

　　鸟掌翼龙的口鼻部上侧有呈隆脊状突起的冠饰，冠饰从口鼻部前端一直延伸到鼻孔的位置。鸟掌翼龙的下颌还有一个小型冠状突起，大多数鸟掌翼龙的头部后方有圆形的骨质头冠。

小黑熊提问

　　鸟掌翼龙的后肢与鸟的爪子相似，那二者之间有亲缘关系吗？

身体特征

　　鸟掌翼龙站立时的高度可达三米，而大部分高度都在头部。鸟掌翼龙还有一个几乎与头部一样长的嘴巴，嘴巴前端长满了锋利的牙齿。

空中"旅行家"

　　古生物学家不仅仅在鸟掌翼龙的生存地区发掘出了其化石,在世界很多地区都发现了鸟掌翼龙的化石,这说明鸟掌翼龙十分爱好旅行,而且它们的旅行多数是长途的。不得不说,鸟掌翼龙是名副其实的空中"旅行家"。

食性特点

　　在日本电影《你看起来很好吃》中，鸟掌翼龙叼着一颗果实飞在天空中，然后将果实抛到了海里。我们不能确定鸟掌翼龙是否采食植物的果实，但鸟掌翼龙长长的嘴巴告诉我们，鱼类才是它们的最爱。

有古生物学家认为,现今鸟类由翼龙演化而来,鸟掌翼龙是翼龙类和鸟类之间的过渡类型,这也就解释了鸟掌翼龙后肢与鸟爪相似的现象。

翅膀的作用

鸟掌翼龙的翅膀不仅有利于其长距离飞行,还能帮助其散热。鸟掌翼龙在长距离飞行后,体内积累了大量热量,这时候它们会张开翅膀帮助散热。

始祖鸟

小米熊提问

始祖鸟在生物演化历史中备受关注，这是为什么呢？

1860 年，古生物学家首次发现了始祖鸟的化石。最初发现的化石只是一根羽毛标本，这根羽毛长 6.8 厘米，宽 1.1 厘米。此标本现被存放在慕尼黑市科学研究院博物馆中。

原始鸟类

始祖鸟又名古翼鸟，生存于侏罗纪晚期，曾被认为是最早以及最原始的鸟类，也被认为是鸟类的祖先，始祖鸟的名字也由此而来。

小笨熊解密

　　由于始祖鸟有着鸟类及恐龙的特征,始祖鸟一般被认为是它们之间的过渡,它很可能是第一种由陆地生物转变成鸟类的生物,因此备受重视。

羽毛特点

　　始祖鸟的羽毛与现代鸟类的羽毛在结构上十分相似。它们有着发达且不对称的飞羽，而关于其体羽的资料则相当少。始祖鸟的头部及颈部上方并没有明显的羽毛，背部有对称分布且结实的正羽，尾巴上的羽毛较小，呈不对称分布。

外形特点

　　始祖鸟的身长可达半米，形状与喜鹊相似。它们的头部像鸟，嘴中长有细小而锋利的牙齿，翅膀很宽，末端呈圆形，脚上三趾都有弯曲的爪，还有长长的骨质尾巴。

始祖鸟与原鸟

古生物学家曾发现了一些所谓比始祖鸟还早的鸟类化石，这种鸟被命名为原鸟。但原鸟化石没有得到很好的保存，因而古生物学家不能对其飞行能力作出评估。很多古生物学家都反对原鸟就是更早的鸟，甚至质疑它的存在，因此始祖鸟目前仍然是广被接受的最早的鸟类。

飞行特点

始祖鸟不对称的飞羽和宽阔的尾羽能够产生升力,较大的翅膀能够降低降落速度,也能减小转弯半径。但始祖鸟究竟是振翅飞翔还是纯粹地滑翔还是未知。始祖鸟缺乏胸骨,这显示它们并不是很善于飞行。

蛙嘴龙

迷你翼龙

　　蛙嘴龙生存于侏罗纪晚期，是一种迷你翼龙，身长只有 9 厘米，但是翼展相对较长，可达 50 厘米。

小来熊提问

　　蛙嘴龙以草蜻蛉和苍蝇等昆虫为食。那么，身形较小的蛙嘴龙是如何捕食的呢？

古生物学家认为,蛙嘴龙较小的身形无法自己捕捉食物,因此蛙嘴龙几乎一辈子都待在蜥脚类恐龙的身上,以这些植食性恐龙身上的昆虫为食。

身体结构特点

蛙嘴龙的脑袋很小,嘴巴与青蛙嘴相似,嘴中长满了针状牙齿。蛙嘴龙还有一个短而粗壮的尾巴,能使它们从高处向下飞行时更加灵活机动。

无齿翼龙

体形特征

　　无齿翼龙生存于白垩纪晚期，是一种会飞的爬行动物，是体形较大的翼龙之一。无齿翼龙的头部很大，眼睛也很大，喙很长，几乎没有尾巴。

皮囊的作用

　　无齿翼龙的喉颈部有皮囊，一些科学家们猜测，无齿翼龙的皮囊可能是用来维持头部平衡的；也有一些科学家认为无齿翼龙的皮囊是用来储存食物的,它们会像鹈鹕一样吞食鱼类。

小笨熊提问

　　无齿翼龙的冠饰长什么样,它又有什么作用呢?

食性特点

无齿翼龙生活在海边的岩石峭壁上，主要以捕鱼为生。此外，无齿翼龙还食用软体动物、螃蟹、昆虫和死去动物的尸体等。无齿翼龙会在水面上滑翔并寻找鱼类。一旦发现鱼类，无齿翼龙就会用长长的喙嘴将鱼捉住。

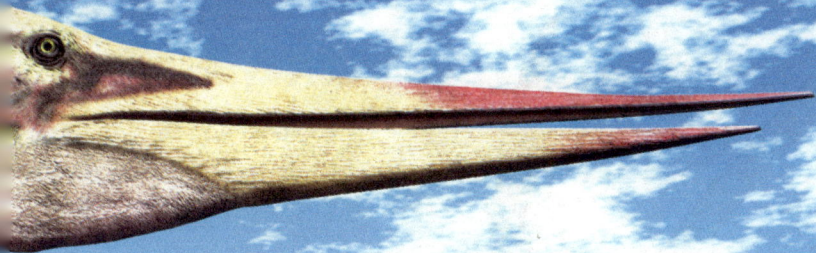

大众文化

　　无齿翼龙是一种非常著名的翼龙,因此它经常出现在大众文化中。无齿翼龙曾出现在电影《侏罗纪公园2》和《侏罗纪公园3》中,但其中关于无齿翼龙的叙述有很多错误。在电视节目《海底霸主》和《远古入侵》中则更加准确地讲述了无齿翼龙。

小笨熊解密

　　无齿翼龙的冠饰尖尖的,从口鼻部一直向头部后方延伸,而且雄性无齿翼龙的冠饰要比雌性的冠饰大,因此无齿翼龙的冠饰可能是求偶用的,也可能是维持身体平衡的工具。

滑翔特点

　　有证据显示，无齿翼龙大部分时间是在滑翔而不是飞行，它会利用上升的热气流顺势抬高自己的身体进行滑翔。无齿翼龙还能远距离滑翔。它可能会张开自己巨大的翅膀在天空中滑翔，只是偶尔地扇动一下双翼。

移动方式

　　无齿翼龙在地面上的移动方式一直是人们争论的话题。大多数研究人员认为，无齿翼龙以四足行走；而近几年来的研究则认为，无齿翼龙以后足行走。

西阿翼龙

化石的发现

目前,被发现的西阿翼龙化石只有一具,此化石发现于巴西东北部。1993 年,化石商人把这具化石卖给了意大利古生物学家。但在搬运和交易的过程中,这具化石受到了严重的损伤。

体形特征

西阿翼龙生存于白垩纪早期的南美洲，属于大型翼龙类。西阿翼龙的尾巴很长，但是脖子很短，它们的翼展约4～5.5米，重量可能为15千克。

小来熊提问

西阿翼龙是一种大型翼龙，它们的飞行方式有什么特点呢？

牙齿特点

从西阿翼龙的化石可以看出，西阿翼龙前面的牙齿较大、较粗，后面的牙齿相对较小，上下颌前段较宽，中间较窄，咬合时牙齿会相互交错，这样的结构适合以海生动物为食，能够咬住体表光滑的鱼类。

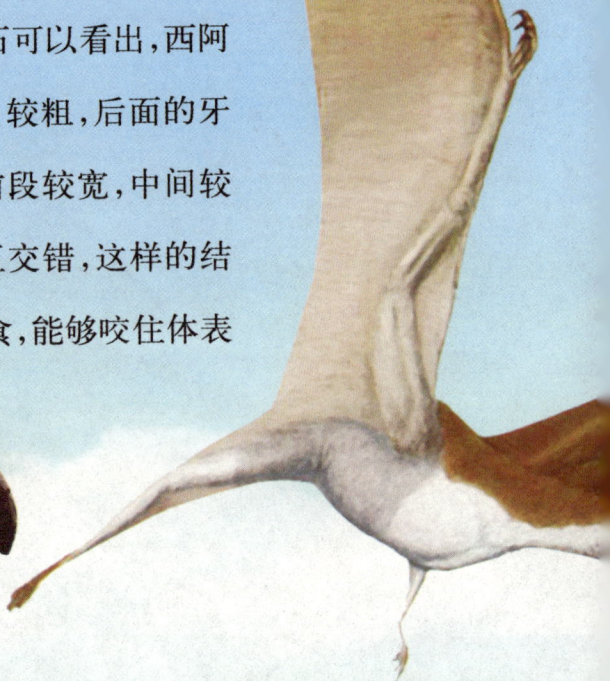

在西阿翼龙化石的重建过程中，古生物学家在开始的时候将上下部分放错了位置。后来经过重组，古生物学家发现西阿翼龙头上并没有头冠或冠饰。

很多大型翼龙并不是纯粹地飞行，而主要以滑翔为主。西阿翼龙在飞行时更加接近现代鸟类的行为，它们是靠双翼主动飞行的，而并非单纯地滑翔。

大众文化

看过小说《侏罗纪公园》的人对西阿翼龙一定不陌生，而在电影《侏罗纪公园 3》中也有西阿翼龙出现。另外，西阿翼龙也曾出现在动画电影《历险小恐龙》中。

小盗龙

小笨熊提问

体形较小的小盗龙有怎样的食性特点呢？

体形特征

小盗龙是目前已知最小的恐龙之一，身长不足一米。小盗龙长着刀片状的牙齿，四肢上有可怕的钩爪。长长的前肢可以像鸟类的翅膀一样向内折叠，细长的尾巴则能够帮助其保持身体平衡。

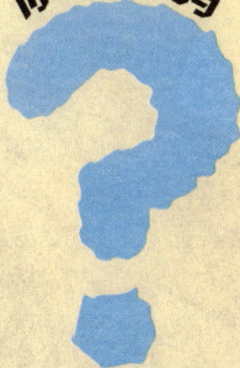

小盗龙后肢上的长羽毛同现代鸟类的翅膀一样，不是对称分布的，因此一些古生物学家判断，小盗龙是以滑翔的方式运动的。小盗龙后肢上的羽毛会妨碍它们在地面上的活动，因此它们可能是栖息在树上的。

小笨熊解密

　　小盗龙的体形虽小，但是它们也不是"吃素的"。小盗龙的属名意为"小型盗贼"，从这个属名能够看出小盗龙是一种凶猛的肉食性恐龙，主要以昆虫、蜥蜴等小型动物为食。

羽毛特点

　　小盗龙是最早被发现有翅膀和羽毛的恐龙之一。小盗龙的身体上覆盖着厚厚的羽毛，头部、前肢和脚部都有长长的羽毛，尾部末端还有一个钻石状的羽扇。个别种类的小盗龙头部或许还有高高竖起的羽毛冠饰。

小盗龙前肢收起时，前肢上的羽毛仍会拖在地上。当小盗龙攻击猎物时，羽毛也会接触地面。只有在前肢高举或上摆时，羽毛才能避免接触地面。这样的身体结构并不利于小盗龙用前肢捕捉猎物。

滑翔方式

　　小盗龙可能利用起伏运动的方式来滑翔，它们可以从树枝上俯冲，以"U"形轨迹滑翔到地面或者另一棵树上。小盗龙胫骨和尾巴上的羽毛则能够帮助它们控制飞行的方向和轨道。

　　小盗龙与原始鸟类、原始伤齿龙科拥有多个共同生理特征。如它们都拥有无锯齿状边缘与部分锯齿状边缘的牙齿，牙齿中间较扁，以及长的上臂骨头。

　　一项最新的研究显示，小盗龙的羽毛在阳光的照射下会发出黑色和蓝色的光芒，出现彩虹光泽。如果这个推测属实的话，那么小盗龙将是目前已知的地球上最早出现彩虹光泽的恐龙。

妖精翼龙

妖精翼龙的翼展可以达到 6 米,这么大的翅膀是不是会很重呢?

不同头冠

　　对化石的分析显示妖精翼龙的头冠型态有个体的变化,不同的头冠形状,可能代表个体的不同年龄或性别,也有其他研究人员认为不同的头冠形状代表不同种的翼龙。

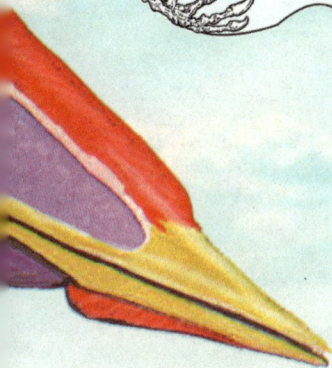

古代王者

　　妖精翼龙是一种大型翼龙,它们的身长为 2.5 米,翼展为 5.4 米,有的翼展甚至可以达到 6 米,仅头颅骨的长度就有 90 厘米长。

小笨熊解密

妖精翼龙的翅膀虽然很大,但它们翅膀中的骨头是中空的,因此虽然妖精翼龙的翅膀展开有一座小房子那么宽,但是重量却很轻。

妖精翼龙是一种没有牙齿的大型恐龙,头颅骨相对很长,因此推测它可能生活在南美洲的海岸边,并且以鱼类作为自己的主食。

大型头冠

成年妖精翼龙的头冠很大，从口鼻部开始生长，向头的后方延伸。雌性妖精翼龙和雄性妖精翼龙都有大型的头冠，但是从外表上看，雌性的头冠与雄性相比比较圆。

翼手龙

广为人知

翼手龙主要生活在亚洲和欧洲地区，古生物学家在根据完整化石复原这种动物后，人们看到了这种动物的独特外形。翼手龙从此成为一种被多数人认识和了解的飞行动物。

翅膀

　　翼手龙从前肢的第四指经过身体到后肢披有薄膜状的翅膀。翅膀内部充满胶原纤维，外面覆盖着角质层。

小笨熊提问

　　翼手龙是不是同其他翼龙一样，是靠尾巴保持身体平衡和改变飞行方向的呢？

外形特点

翼手龙的种类繁多,体形各异,大小不一。一些种类像鹰一样大,一些种类小如麻雀。翼手龙的头骨轻而紧密,脖子长而柔软,嘴巴细长。

小笨熊解密

翼手龙的尾巴极短,这说明翼手龙的飞行能力较强,因此它们不需要利用长尾保持身体平衡和改变飞行方向。

飞行能力

翼手龙的后肢很短，在陆地上并没有太多的用处，因此翼手龙大部分时间都是在空中飞行的。一些科学家认为，体形较大的翼手龙不具备像鸟类一样的飞行能力，它们会先爬到高处，迎风张开自己的双翼，然后借助上升气流使自己在空气中翱翔。

食性特点

　　翼手龙是一种肉食性动物，以昆虫为食，有些种类也可能会觅食鱼类。较强的飞行能力和较高的灵活性使翼手龙具备了在飞行中捕食的能力。

物种发现

　　古生物学家最开始发现翼手龙的化石时，并不确定这是一种什么动物。有人说它是一种海生动物，也有人说它是鸟类和蝙蝠的过渡种。最终，翼手龙被确定为是一种会飞的爬行动物。

正 双形齿兽

大眼睛

正双形齿兽有一双大眼睛，这双大眼睛是正双形齿兽捕猎过程中的重要"帮手"。当正双形齿兽在海面上低飞的时候，这双大眼睛不仅能准确判断出水中的鱼的位置，还能准确判断空中飞行的昆虫的位置。

会飞的爬行动物

正双形齿兽是生活在三叠纪晚期欧洲地区的一种会飞的爬行动物，正双形齿兽的翼展有 75 厘米长，具备比较强的飞行能力。

小来熊提问

正双形齿兽的尾巴上有一个球状物，这个球状物是用来做什么的呢？

小笨熊解密

正双形齿兽飞行的时候，它尾巴上的球状组织总是随着身体的摆动荡来荡去，这种身体组织能帮助正双形齿兽在飞行的时候掌控方向。

空中霸主

　　正双形齿兽是最早飞上蓝天的爬行动物之一，与所有会飞的爬行动物一样，正双形齿兽的前肢向后伸展到后肢，形成了皮膜状的翅膀。强健的胸部和前肢的肌肉对正双形齿兽的飞行十分有利，正双形齿兽也因此成为了空中霸主。

正双形齿兽主要以鱼类和昆虫为食，正双形齿兽能够在水面低飞，一旦发现猎物，它们的门牙就会像獠牙一样伸出，紧紧地咬住猎物。

又大又长的嘴巴

　　双形齿兽有着一张很特别的嘴巴,它的嘴巴又大又长,这样的嘴巴和现在的海鸥很像。现在还不知道它嘴巴的真正作用,可能是在求偶时吸引对方,或者赢得领地时炫耀自己。

翼龙的感悟

一只翼龙经常从天空中看地面的世界。

它最爱吃鱼。

空中虽然有同伴，但空中动物的数量还是很少，翼龙感到很无聊。

它经常来到陆地上，想认识其他动物。

它还带别的动物去看海。

它还帮助弱小动物脱险。

慢慢地翼龙明白了,弱肉强食是自然的法则。

翼龙终于知道,飞行就是它最强的生存本领。

图书在版编目（CIP）数据

远古空中霸王 / 雨田主编 . — 沈阳：辽宁美术出
版社，2018.8（2023.6重印）
（揭秘恐龙王国）
ISBN 978-7-5314-7996-3

Ⅰ . ①远… Ⅱ . ①雨… Ⅲ . ①恐龙—少儿读物 Ⅳ .
① Q915.864-49

中国版本图书馆 CIP 数据核字 (2018) 第 097546 号

出 版 社：辽宁美术出版社
地　　址：沈阳市和平区民族北街 29 号　邮编：110001
发 行 者：辽宁美术出版社
印 刷 者：北京一鑫印务有限责任公司
开　　本：650mm×950mm　1/16
印　　张：8
字　　数：53 千字
出版时间：2018 年 8 月第 1 版
印刷时间：2023 年 6 月第 3 次印刷
责任编辑：童迎强
装帧设计：新华智品
责任校对：郝　刚
ISBN 978-7-5314-7996-3

定　　价：39.80 元

邮购部电话：024-83833008
E-mail：lnmscbs@163.com
http：//www.lnmscbs.com
图书如有印装质量问题请与出版部联系调换
出版部电话：024-23835227